RAPPORT

FAIT

A LA SOCIÉTÉ ROYALE ET CENTRALE D'AGRICULTURE,

Par M. le Comte FRANÇOIS DE NEUFCHATEAU,

SUR

L'AGRICULTURE ET LA CIVILISATION DU BAN DE LA ROCHE;

SUIVI DE PIÈCES JUSTIFICATIVES.

Séance publique du 29 mars 1818.

PARIS,
DE L'IMPRIMERIE DE MADAME HUZARD
(née VALLAT LA CHAPELLE),
Rue de l'Éperon Saint-André-des-Arts, n°. 7.

1818.

Tribut de gratitude offert par la publication du présent Rapport à son ancien et vénérable Instituteur, par Mad. Treuttel.

RAPPORT

FAIT

A LA SOCIÉTÉ ROYALE ET CENTRALE D'AGRICULTURE,

Par M. le Comte FRANÇOIS DE NEUFCHATEAU,

Sur les services rendus à l'agriculture, depuis plus de cinquante ans, par M. Jean-Frédéric OBERLIN, *pasteur de l'Église de Waldbach, dans le canton du Ban de la Roche, sur les confins du département des Vosges et de celui du Bas-Rhin.*

Séance publique du 29 mars 1818.

MESSIEURS,

Voulez-vous connaître un modèle de ce qu'on pourrait faire dans toutes les campagnes, pour le bien de l'agriculture et celui de l'humanité? Quittez un moment, en idée, les rives de la Seine! Permettez que je vous transporte sur un des sommets les plus âpres des montagnes des

Vosges! Amis de la charrue, amis du bien public, venez voir le Ban de la Roche! et j'ose vous répondre que vous serez dédommagés de la fatigue du voyage. Commençons par prendre une idée du lieu et du climat, quoiqu'ils ne s'offrent pas d'abord sous un aspect bien favorable! Gravissons les rochers, entassés les uns sur les autres, qui semblent séparer ce canton du reste du monde: et prenons pour guide *la Description du Ban de la Roche*, thèse savante, présentée et soutenue à l'Ecole spéciale de médecine de Strasbourg, le 13 mai 1806, par un des fils de M. *Oberlin* (1).

Le Ban de la Roche est une contrée élevée, qui fait partie des contre-pentes et des ramifications occidentales de l'embranchement du Haut Champ, ou Champ de Feu : système isolé de montagnes, détaché du bord oriental de la chaîne des Vosges, par un enfoncement ou un col déprimé.

Le Ban de la Roche comprend, dans sa totalité, une surface convexe et montueuse, de 8 à 9000 arpens, dont 3 à 4000 sont occupés en bois, 2000 en pâturages; 3000 forment les propriétés particulières, et sont employés, 1800 ou 1500, en terres labourables, cultivées en seigle,

(1) *Propositions géologiques*, etc. in-4°. de 195 pages. A Strasbourg, chez *Levrault*, 1806; c'est un modèle de Chorographie, avec des cartes, des gravures, etc.

avoine et pommes de terre; et l'autre moitié de 12 à 1500 arpens est en prés ou en jardins.

Il y a deux paroisses : Rothau et Waldbach, vulgairement Waldersbach. C'est de celle de Waldbach que nous devons nous occuper particulièrement.

Ce pays montueux forme trois régions, chaude, tempérée et froide, qui correspondent, savoir : la région chaude, au climat de Genève; les régions tempérées, au climat de Varsovie, la région froide, à celui de Stockholm; et les régions très-froides, à celui de Pétersbourg. Les brumes, les pluies et les neiges commencent au mois de septembre, et les neiges ne fondent que dans le mois de mai. Le proverbe du pays dit que la neige d'avril est un engrais, et celle de mars un poison. Les fontes subites des neiges, de 30 pieds quelquefois, en de certains endroits, sont redoutées par le dégât qu'elles causent en détachant le sol cultivé de dessus le sol inculte et dur, et en le faisant glisser dans les fonds, ainsi qu'il arrive aussi quelquefois à la suite des pluies.

Toute la contrée était presque sauvage au commencement du règne de Louis XV : il n'y avait pas de chemins pour y parvenir et y circuler; les communes et les hameaux qui en dépendent, comptaient à peine quatre-vingts ou cent ménages, dont la misère et l'ignorance passent l'idée qu'on pourrait en donner. Ils étaient presque nus. C'est ce pauvre pays, dont la civilisation, entreprise vers 1750 par M. *Stouber*, prédécesseur de M. *Oberlin* dans le ministère de la paroisse de Waldbach, a été continuée et perfectionnée par ce dernier, depuis 1767 jusqu'à présent, avec un tel succès et une telle persévérance, qu'on y compte aujourd'hui cinq à six cents familles, formant une population de trois mille âmes, qui subsistent heureusement par l'effet de l'amélioration de la culture et de l'industrie. Ce miracle est dû principalement aux lumières, aux soins et au zèle de M. *Oberlin*.

Né à Strasbourg, appartenant à une famille savante, formé à l'Académie de cette ville, si renommée en France et dans l'étranger, M. *Oberlin* apportait au Ban de la Roche des connaissances positives, étendues, et le désir sincère d'appliquer au bonheur de ses paroissiens cette instruction qui embrassait à-la-fois la science de la religion et la science de la nature. Au premier coup d'œil qu'il jeta sur ce coin de nos pauvres montagnes, il s'aperçut d'abord de ce qui manquait à leurs habitans; ils parlaient un patois grossier, et tenant au patois lorrain, dérivé de l'ancien roman (1); très-peu d'entre eux sa-

(1) Voyez l'*Essai sur le patois lorrain des environs du*

vaient lire. Les laboureurs, dénués des instrumens les plus nécessaires, n'avaient ni l'idée, ni les moyens de se les procurer. Les denrées provenant du sol ne suffisaient pas pour en nourrir la faible population. Suivant une méthode détestable, on distribuait tous les ans aux chefs de famille, par portion égale et par la voie du sort, les pâturages communs, appelés *tripous* dans le pays, pour essarter le gazon et écobuer le terrain. Les pommes de terre (*quemattes* ou *cmattes de tierre,* dans le patois du pays) avaient été introduites après la terrible disette de 1709. Les vieillards se rappellent encore d'avoir ouï dire à leurs pères et mères, qu'avant cette époque, la nourriture des habitans consistait en pommes et en poires sauvages. Tout le pays n'était alors qu'une forêt. Cette pomme de terre primitive, apportée après 1709, avait dégénéré et ne rendait presque plus rien. La première chose à faire, était donc d'instruire les habitans, de leur apprendre le français, et de les préparer à lire les ouvrages sur l'agriculture, dont M. *Oberlin* voulait leur former une petite bibliothèque choisie; il en vint à bout en très-peu de temps, par des moyens

---

comté du Ban de la Roche, fief royal d'Alsace; par feu M. *Oberlin*, frère du pasteur de Waldbach. in-12 de 287 pages, très-curieux. A Strasbourg, chez Stein, 1776.

ingénieux qui méritent d'être connus, parce qu'ils peuvent servir d'exemple et qu'ils remontent à une date déjà ancienne, bien antérieure aux efforts qu'on a faits dans ces derniers temps pour parvenir au même but (1). Il fallait ensuite ouvrir la communication avec la grande route qui, pendant six à huit mois de mauvaise saison, était régulièrement interrompue. A la tête de ses paroissiens qu'il savait électriser pour le bien public, le vénérable pasteur, la pioche sur le dos, mettant lui-même la main à l'œuvre, pratiqua un chemin d'une demi-lieue, et bâtit un pont sur la rivière de la Brusche. Il tourna en même temps ses regards vers l'agriculture et les besoins de subsistances. Le traité de notre illustre *Parmentier* sur la pomme de terre, avait réveillé l'attention sur cette précieuse racine : c'était en 1780. A cette époque, M. *Oberlin* fit venir d'Allemagne, de Suisse, de Lorraine, des pommes de terre qui renouvelèrent l'espèce dégénérée, et qui sont recherchées aujourd'hui sur le marché

---

(1) Ces moyens ne pouvaient trouver place dans ce rapport sommaire. Ils sont développés dans les pièces justificatives, imprimées à la suite de ce même rapport. Voyez sous le N°. 1er. de ces pièces, l'extrait d'une lettre de M. *Legrand* à M. le baron *De Gérando*, et le §. Ier. du N°. 2, lettre du même à M. *Treuttel*.

de Strasbourg à cause de leur qualité excellente. M. *Oberlin* fit lui-même différentes tentatives pour l'introduction d'arbres fruitiers, d'herbages productifs, de plantes légumières ou céréales, absolument inconnues dans ce pays. Il ne s'est pas rebuté par le défaut de succès de celles de ses tentatives que repoussait le climat sévère, ou le sol rocailleux du Ban de la Roche. Les abeilles n'ont pu s'y accoutumer, le sainfoin n'y a point prospéré. M. *Oberlin* a été assez heureux, cependant, pour voir la culture du trèfle réussir en plusieurs endroits du pays, et être adoptée par ses habitans. On n'y connaissait autrefois d'autres fumiers, que les cendres produites par l'écobuage; M. *Oberlin* montra les moyens d'augmenter le fumier et d'en procurer la fermentation. Cette meilleure économie des engrais, l'amélioration des pommes de terre, l'introduction des bons instrumens de culture, celle des prairies artificielles; la culture du lin, dont il fit venir la graine de Riga, en Russie; l'analyse des terres du pays faite avec soin, et communiquée à la Société des sciences utiles de Strasbourg; les recherches faites dans tout le canton au moyen d'une sonde ou tarière; l'enfouissement des plantes vertes pour amender le sol; la nourriture des vaches et des porcs à l'étable; la connaissance et l'étude des propriétés des plantes sauvages et indigènes qui pouvaient servir aux hommes et aux animaux, et rendre les produits naturels du pays, utiles pour la santé, pour les alimens et pour les arts; la formation d'une Société particulière d'agriculture au Ban de la Roche, affiliée à celle de Strasbourg, etc.; telles sont les améliorations partielles, en fait d'économie rurale et domestique, que M. *Oberlin* est parvenu à introduire par la persuasion; qu'il a su mettre à la portée de chaque particulier, et dont l'influence, multipliant les produits champêtres et les produits du bétail, a augmenté sensiblement le nombre et le bien-être des habitans de cette contrée (1).

De meilleures pommes de terre, le trèfle de Hollande et le lin de Riga sont sur-tout, pour le sable granitique du Ban de la Roche, trois acquisitions inappréciables.

M. *Oberlin* ne s'est pas borné là. Il fallait concevoir les plans d'améliorations plus générales, portant, d'une part, sur la distribution plus avantageuse des terres pour en amener la fertilité progressive; et de l'autre, sur quelques

---

(1) Voyez les développemens de tous ces faits, présentés avec plus de détail, dans le N°. 2 des pièces justificatives imprimées à la suite de ce rapport (lettre de M. *Legrand* à M. *Treuttel*).

circonstances morales et politiques, nuisibles à la tranquillité et au bonheur des habitans. Les plans de cette réforme générale exigeaient le concours de l'autorité supérieure, ou des moyens qui surpassaient les faibles ressources d'un pasteur chargé lui-même d'une famille de sept enfans. C'est ici que M. *Oberlin* s'est encore surpassé. Il a appelé à son secours les autorités administratives ainsi que les compagnies savantes et les propriétaires riches et bienfaisans de sa ville natale. D'un côté, il est parvenu à faire abolir spontanément le fléau de la vaine pâture; d'une autre part, en 1805, la Société des sciences et d'agriculture du Bas-Rhin a décerné aux habitans du Ban de la Roche une somme de 200 francs à répartir entre ceux qui se distingueraient le plus dans la plantation des pépinières et dans la greffe des arbres fruitiers, suivant la direction arrêtée par M. *Oberlin*. Et qu'on ne croie pas que cette somme de 200 fr. fût peu de chose dans un pays dont les habitans se trouvaient dans un état de privations, de misère et de souffrances continuelles! Qu'on en juge par ce trait seul! Un sou (ou 5 cent.), mit au comble de la joie une veuve, qui se vit par-là à même de se procurer, pour une couple de jours, du sel à manger avec ses pommes de terre.

J'ai dit que l'agriculture du Ban de la Roche avait à combattre des fléaux d'une nature morale, peut-être encore plus dangereux et plus funestes que la stérilité du sol et l'influence du climat. Le premier était un procès qui durait depuis plus de quatre-vingts ans. Les communes plaidaient contre leurs anciens seigneurs, à raison des droits de propriété et d'usage dans les forêts qui couvrent une grande partie de ces montagnes. La révolution elle-même n'avait pu mettre fin à ces contestations ruineuses, qui détournaient les habitans des travaux de la culture pour les livrer aux habitudes de la chicane. Leurs minces possessions étaient ainsi toujours troublées et précaires. Enfin, M. *de Lezay-Marnézia*, préfet du Bas-Rhin, ami ardent de la justice et de ses administrés, accueillit le vœu de M. *Oberlin* pour ménager un accommodement. Il agit d'accord avec le pasteur, et les parties accédèrent bientôt à une transaction convenable des deux côtés. A la voix du bon Préfet, les maires présentèrent en députation, à M. *Oberlin*, la plume qui avait signé l'acte de paix, en le priant de suspendre cette plume dans son cabinet comme un trophée de la bienfaisance et de la charité chrétienne. C'est à côté de cette plume pacifique que nous vous proposons, Messieurs, de placer aujourd'hui une de vos médailles d'encouragement; et ce n'est pas la seule qui doive y figurer.

L'agriculture, naturellement amie du travail, de la justice et des mœurs, l'agriculture a des besoins de plus d'une sorte. Sa base est sans doute dans les sillons; mais autour de ce premier fondement, combien d'accessoires viennent se grouper? et combien de branches secondaires doivent concourir à l'affermissement de la tige principale? Ce n'est pas tant la maigreur du sol du Ban de la Roche qui fait la pauvreté de ses habitans, que le défaut de terrain; quinze cents arpens de terres labourables pour nourrir six cents familles de cinq personnes chacune, font à peine cinq jours de terre par famille. De trois mille âmes qui forment la population totale du Ban de la Roche, un tiers est hors d'état de travailler pour gagner son pain, ce sont les enfans du premier et du bas âge et les vieillards infirmes. Parmi les deux mille en âge convenable pour le travail des mains, il n'y en a guère qu'un quart qui s'occupent des travaux champêtres, et qui ne peuvent même s'y livrer que dans quatre ou cinq mois de la belle saison. Il fallait occuper les trois autres quarts de la population qui restaient misérables et désœuvrés; il fallait remplir les tristes journées et les éternelles soirées d'un long hiver. Il y avait donc nécessité absolue de suppléer au déficit de l'agriculture, en introduisant diverses branches d'industrie pour subvenir à la subsistance et aux besoins des habitans du Ban de la Roche. L'industrie est l'auxiliaire de la culture; c'est ce qu'on ne doit jamais séparer quand il s'agit des pays de montagne, et c'est ce qu'on a souvent tort d'oublier même dans la plaine. Les moyens de pourvoir à la réunion de ces ressources dans le canton du Ban de la Roche, devaient être adaptés aux circonstances locales, soit pour tirer parti des produits indigènes jusqu'alors inconnus et négligés, soit pour y appeler du dehors, avec discernement, ceux des métiers nécessaires et des arts utiles dont on pouvait y espérer le succès. Telles sont encore, Messieurs, les opérations qui ont été conçues par M. *Oberlin*, et qui ont réussi au-delà de toute espérance, par ses efforts encourageans et sa constance imperturbable. Les détails en seraient sans doute bien intéressans, mais ils paraîtraient sortir du sujet de ce rapport. Je n'oublie pas que j'ai l'honneur de parler seulement à la Société royale d'agriculture; mais, d'après les pièces et les renseignemens authentiques que j'ai mis sous vos yeux, il est certain, Messieurs, que le modeste pasteur du village dont j'ai l'honneur de vous entretenir, méritерait également que l'on fît un pareil rapport à la Société d'encouragement pour l'industrie nationale, et un autre encore à la Société pour l'instruction élémentaire.

Quant à moi, Messieurs, qui ai été à portée de connaître par moi-même les services inappréciables rendus à la contrée du Ban de la Roche par M. *Oberlin;* lorsqu'après avoir formé l'administration du département des Vosges, en 1790, et avoir présidé cette administration en 1791, j'ai dû parcourir ces montagnes comme commissaire du Gouvernement, en 1793, dans l'année même où Rothau et Waldbach, dépendans ci-devant de la principauté de Salm, furent réunis au département des Vosges; pénétré du souvenir et de la vénération que l'on doit à l'un des bienfaiteurs de l'humanité les plus dignes de la reconnaissance des gens de bien; instruit aujourd'hui que M. *Oberlin* a persévéré depuis dans cette création touchante, uniquement due à son zèle et à ses vertus; sachant qu'il a refusé des vocations plus importantes et plus avantageuses, pour ne pas laisser tomber le Ban de la Roche dans l'état de désert dont il l'avait tiré; enfin, touché jusques aux larmes des efforts extraordinaires que M. *Oberlin* a faits dans les années désastreuses de 1812, 1816 et 1817, pour sauver ses paroissiens des horreurs de la famine, je me félicite, Messieurs, de pouvoir montrer devant vous l'attachement et l'intérêt que je porte au département des Vosges, ma chère patrie, en vous offrant une si belle occasion de couronner, dans la personne de M. *Oberlin*, non pas seulement un acte spécial, mais une vie entière consacrée à répandre dans un canton, avant lui presque sauvage, les meilleurs procédés de l'agriculture et les plus pures lumières de la civilisation. Les limites de la séance ne nous permettent pas d'en donner les développemens; nous les consignerons dans les *Mémoires de la Société*, comme un exemple admirable de ce que peut l'influence d'un homme éclairé sur le bonheur de toute une contrée. Quelle histoire instructive et intéressante, que celle des prodiges opérés en silence dans ce coin ignoré des Vosges! Qu'il est doux pour nous d'apprendre à la France, qu'elle possède dans son sein un tel miracle de vertu! Qu'il est consolant de penser que ce n'est pas ici un rêve de la philanthropie, que ce sont des faits positifs, et que l'imagination ne peut rien ajouter à leur réalité! Mais quelles conséquences n'en peut-on pas déduire? Nous avons établi ailleurs (1) qu'il reste dans le

---

(1) Voyez dans les *Mémoires de la Société*, tome V, page 15, l'Essai de M. *François de Neufchâteau*, sur la

royaume assez de places incultes pour fonder cinq mille nouveaux villages. Quand on voudra organiser ces colonies intérieures, la création de celle de Waldbach sera un des meilleurs types qu'on ait à suivre. Et dans les trente ou quarante mille communes rurales, déjà existantes, il n'en est aucune, même des plus florissantes, où les perfectionnemens de l'économie sociale soient aussi complets, et où l'on ne puisse encore méditer avec fruit les annales du Ban de la Roche.

Sur ce rapport, la Société royale et centrale d'agriculture a décerné une médaille d'or à M. *Jean-Frédéric Oberlin,* âgé de soixante et dix-huit ans, ministre de la paroisse de Waldbach, vulgairement Waldersbach, arrondissement de Saint-Dié, département des Vosges, pour les services que ce pasteur a rendus, depuis plus d'un demi-siècle, à l'agriculture en particulier, et à l'humanité en général, en civilisant les montagnes du Ban de la Roche, située dans les départemens des Vosges et du Bas-Rhin; en vivifiant ce pays sauvage avant lui; en y introduisant des notions, des outils, des procédés, et, en général, des améliorations de l'agriculture qui n'y étaient pas connues, et en faisant

nécessité et les moyens de faire entrer dans l'instruction publique l'enseignement de l'agriculture.

avec succès d'autres efforts, non moins recommandables, pour écarter du Ban de la Roche l'ignorance, le désœuvrement, les procès et les autres causes morales et politiques, qui contribuaient à la misère des habitans encore plus que la maigreur du sol et la rigueur du climat.

M. le baron *de Gérando*, conseiller d'État, présent à la séance, chargé de pouvoir de M. *Oberlin*, en recevant de M. *Tessier*, président, la médaille destinée à M. *Oberlin*, a témoigné combien il se trouvait honoré de représenter dans cette circonstance le pasteur vénérable qui a porté dans les montagnes des Vosges, avec une industrie agricole et manufacturière qui y était inconnue, les influences de la religion et de la morale, si utiles à l'industrie elle-même, puisqu'elles nourrissent l'amour du travail. Il a rendu grâces à la Société d'un acte de justice qui fera la joie des habitans de ces montagnes, en signalant leur bienfaiteur à la reconnaissance publique, et auquel applaudira tout le département du Bas-Rhin. Il s'est félicité de pouvoir transmettre à un vieillard qui, depuis plus d'un demi-siècle, se dévoue à faire le bien, le témoignage que lui rend la Société royale et centrale d'Agriculture, par un sentiment si digne de sa noble destination et du caractère de ses membres.

PIÈCES JUSTIFICATIVES.

Indépendamment de la connaissance personnelle que M. le comte *François de Neufchâteau* avait, depuis 1793, des améliorations de tout genre exécutées dans le Ban de la Roche, par M. *Oberlin,* on a senti que ces améliorations, tenant du merveilleux, avaient besoin d'être attestées pour paraître croyables. En conséquence, on a réuni, pour faire ce rapport, plusieurs renseignemens authentiques et qui se fortifient les uns les autres : d'abord, les livres imprimés que l'on cite, et en outre les *Annuaires du Bas-Rhin*, par M. *Bottin,* etc.; ensuite, on a interrogé plusieurs personnes recommandables, telles que M. *Levrault* l'aîné, imprimeur-libraire à Strasbourg; M. le baron *de Gérando,* conseiller d'Etat; M. *Grégoire,* qui a déjà rendu compte d'une partie de ces faits à l'Institut, où il a lu, il y a dix-huit ans, une *Promenade dans les Vosges,* dont la paroisse de Waldbach fait un des principaux épisodes. La substance de toutes les réponses qu'on a recueillies a été fondue et abrégée dans le rapport.

Enfin, deux lettres de M. *J. L. Legrand,* de Bâle, aujourd'hui retiré à Fouday, paroisse de Waldbach, ont paru si bien détaillées et si intéressantes, qu'on croit devoir les joindre presque tout entières à ce rapport, auquel l'exactitude et la sincérité de ces mêmes lettres ne peuvent que donner un nouveau prix.

N°. Ier.

Extrait d'une lettre adressée à M. le baron de Gérando, *conseiller d'État, président de la Société pour l'instruction élémentaire, par M.* Legrand, *le* 27 *février* 1816, *concernant : 1°. les moyens dont M.* Oberlin *s'est servi pour répandre la première instruction parmi les habitans du Ban de la Roche ; et 2°. un aperçu de ce qu'il a fait pour l'économie rurale et le bien-être de ce canton.*

§. Ier. *Instruction primaire.*

Conduit dans ce vallon écarté où je réside avec ma famille, par des circonstances préparées par la Providence ; à son premier aspect, la stérilité du pays, les chaumières couvertes de paille, les dehors de pauvreté des habitans, la simplicité de leur nourriture réduite presque aux pommes de terre, me frappèrent encore davantage par le contraste de ces apparences extérieures avec la conversation cultivée, que je pouvais entamer presque avec chaque individu dont je m'approchais, en en traversant les cinq villages, et avec la franchise et la naïveté des jeunes enfans qui me tendaient leurs petites mains. J'avais entendu parler souvent de M. *J. F. Oberlin*, de Strasbourg, pasteur de cette paroisse intéressante. Je recherchai avec empressement sa connaissance. En me faisant l'accueil le plus hospitalier, il vint au-devant du désir que j'avais de connaître les moyens par lesquels cette petite peuplade était parvenue au degré de culture qui me surprenait si fort. Il m'ouvrit les *annales* de la paroisse (1). J'y ai trouvé l'histoire éparse, mais détaillée, des établissemens d'instruction publique fondés par son prédécesseur, mais sur-tout par lui-même. Je transcrirai ici les faits les plus marquans, liés dans leur ensemble.

Au milieu du siècle précédent, en l'année 1750, ce fut M. *Stouber,* dernier pasteur de cette paroisse avant M. *Oberlin,* qui le premier fit sentir aux habitans, luttant souvent contre la plus grande misère, à laquelle ils semblaient être condamnés par la stérilité de leur sol, que le seul moyen d'y échapper était de sortir de l'état d'ignorance profonde dans laquelle ils étaient plongés. Il commença par s'adresser aux maîtres d'école qui, manquant de toutes les connaissances, même de celle de lire un peu couramment et d'écrire un caractère lisible, faisaient perdre le temps à leurs écoliers par une instruction sans méthode, sans livres élémentaires, autres que ceux que le hasard faisait tomber entre les mains de chaque enfant. M. *Stouber* débuta par composer un alphabet méthodique; il les instruisit dans la méthode de s'en servir avec leurs élèves; il appela des environs, à ses frais, un instituteur dont le talent éminent pour l'instruction lui était connu, et il lui fit mettre en pratique ses différentes méthodes en leur présence. Les maîtres d'école ainsi préparés, l'ignorance, la superstition et l'avarice opposèrent de nouveaux obstacles à ses vues bienfaisantes. Jusqu'alors les places de maîtres d'école

(1) Les annales du Ban de la Roche ont été commencées par M. *Oberlin*, en 1770.

avaient été louées annuellement au rabais, d'abord après celles des pâtres; on craignait qu'en exigeant plus de connaissance des candidats, on ne les aurait plus à si bon marché! Mais ce n'était pas encore là la fin des tracasseries : l'alphabet méthodique n'était pas un livre de dévotion, on soupçonnait qu'il y avait de l'hérésie, quoiqu'il ne contînt que des mots sans liaison; il fallut déraciner encore ce préjugé. Enfin l'instruction nouvelle commença. Au bout de quelques mois le succès en fut si complet, que les parens, les frères et les sœurs adultes voyant que ces jeunes enfans lisaient en peu de temps couramment, dans quelque livre qu'on leur présentât, ce qu'ils n'avaient pu jamais s'imaginer, s'offrirent d'eux-mêmes de se réunir les dimanches, et souvent les après-midi des jours d'hiver, sous les maîtres d'école, pour se faire instruire d'après la même méthode, afin de ne pas rester en arrière de la génération qui croissait en intelligence sous leurs yeux.

Tels furent les préparatifs, joints au perfectionnement du chant et de l'écriture, qui aplanirent à son successeur, M. *Oberlin*, actuellement vivant, le chemin pour opérer tout le bien que son âme, ardente à entreprendre tout ce qui pouvait avancer le salut de ses paroissiens, embrassait avec enthousiasme. Lorsqu'il entra en fonctions, l'an 1767, il n'y avait, dans les cinq communes de la paroisse, aucune maison d'école; une misérable baraque avec une seule petite chambre ne comptait pas, elle allait s'écrouler; c'était au rabais, comme les places des régens, que les poêles d'école s'y louaient pour y entasser toute la jeunesse du village. M. *Oberlin*, soutenu par son prédécesseur, qui avait accepté une cure dans la ville de Strasbourg, en appela à la bienfaisance des âmes généreuses qui lui restaient attachées dans cette ville. Il n'avait pas encore trouvé un nombre suffisant de souscripteurs pour les fonds nécessaires à la bâtisse de la première maison d'école, qu'exposant sa fortune, qui n'était que médiocre, et son revenu qui ne suffisait pas à l'entretien de son ménage, il en commença la construction. Il fallut qu'il payât, qu'il soignât tout; on alla même jusqu'à exiger de lui qu'il mît entre les mains des préposés de la commune une promesse formelle que l'entretien de cette maison, bâtie pour le bien public, ne tomberait jamais à la charge des habitans. Sans cet acte, il aurait trouvé, dans les parens mêmes, les adversaires les plus obstinés au bien qu'il voulait faire à leurs enfans. Dans le courant de quelques années, trois des autres villages ont obtenu le même avantage; mais à ces derniers bâtimens, les offres des communes, pour concourir par elles-mêmes aux efforts et aux dépenses, ont été volontaires et généreuses. C'est ainsi que, peu à peu, le pasteur infatigable vainquit par sa persévérance tous les obstacles. Aujourd'hui il n'existe plus qu'un seul village qui soit sans maison d'école; mais elle est remplacée en attendant par une chambre spacieuse dans une maison particulière; les fonds même sont déjà faits ou souscrits pour la bâtir, et *Fouday* doit à la protection et à la munificence de M. *de Lezay-Marnésia,* préfet défunt du département du Bas-Rhin, l'emplacement convenable sur lequel elle doit être construite.

En attendant que les maisons s'élevassent, l'instruction des maîtres d'école, commencée par M. *Stouber,* continua. Mais M. *Oberlin* sentit bientôt que, pour la jeunesse, il existait un besoin encore plus pressant. Les enfans ne pouvant passer que peu d'heures à l'école, les jeunes filles sur-tout n'y trouvant aucune ressource pour être instruites dans les ouvrages de leur sexe, la jeunesse courait le reste du temps désœuvrée dans les villages; le patois continuait à être le seul dialecte qu'ils comprissent. C'était ces défauts, ces maux, ces abus qu'il fallait déraciner. M. *Oberlin* n'hésita pas un seul instant; il ne calculait jamais avec ses moyens pécuniaires; toujours exposant sa petite fortune, prêt à en faire le sacrifice à Dieu, il mettait toute sa confiance dans la Providence, qui aussi lui a toujours été fidèle, en lui faisant trouver souvent à point nommé les fonds nécessaires pour le bien qu'il entreprenait de faire. Conjointement avec son épouse, il forma des conductrices pour chaque commune. Il loua pour elles, ou leur fit arranger des chambres spacieuses et les salaria à ses frais. C'est dans ces poêles qu'il voulut que les enfans des villages de tout âge s'amusassent entre eux sous une surveillance douce et maternelle; les petits jouaient, les plus grands apprenaient à filer, à tricoter, à coudre; on n'osait pas y parler un mot de patois. A chaque conductrice, M. *Oberlin* fournit des estampes enluminées sur l'histoire sainte, sur l'histoire naturelle; elles en reçurent les instructions par lui-même, pour les communiquer ensuite à leurs jeunes élèves. Ici, le chant accompagne le travail; quelquefois on épèle par cœur; on raconte des histoires instructives à la portée de l'enfance; en été, on cueille des plantes, dont on apprend les noms, les caractères distinctifs, les vertus. Le dessin, l'enluminure des cartes géographiques en petit format, dont M. *Oberlin* a fait graver en bois et imprimer, en nombre suffisant, celles du Ban de la Roche, de la France, de l'Europe, du Planisphère, ont passé de ces écoles dans les familles, et font encore aujourd'hui l'amusement des dimanches, si, ceux-ci, on ne les voue pas à quelque ouvrage destiné au soulagement des pauvres: occupation qu'on croit non-seulement permise, mais commandée même par l'évangile. Aussi est-ce dans le même esprit que dans les récoltes on s'impose, après le service divin, le devoir de venir au secours des veuves et des orphelins, pour leur aider à amasser dans leurs greniers les dons qu'ils tiennent de la main bienfaisante de la Providence.

C'est avec de tels sentimens, inspirés à leurs tendres âmes, et avec de telles habitudes, que les enfans viennent ensuite recevoir les instructions dans les écoles publiques proprement dites. Les régens se sentent soulagés dans leurs travaux, qui sont souvent si pénibles. La lecture, l'écriture, la grammaire, l'arithmétique, la géographie, l'agriculture et l'histoire sainte sont les objets qui s'y traitent. M. *Oberlin* s'est réservé à lui-même l'instruction religieuse. Tour à tour les dimanches, les enfans de chaque village, rassemblés autour de l'autel, viennent y entonner avec leurs douces voix des cantiques; présentant à leur pasteur, qu'ils aiment tous comme leur père commun, une récitation religieuse, ornée d'un dessin en couleur, de leur ouvrage, et reçoivent de sa bouche une exhortation chrétienne.

Les écoles particulières organisées, il s'agissait de leur imprimer une marche égale et uniforme; de tenir les instituteurs en haleine, d'exciter les écoliers à avancer dans leurs études, de perfectionner les méthodes par l'expérience. A cet effet, M. *Oberlin* institua, par semaine, une réunion régulière de toutes les cinq écoles à Waldbach, chef-lieu de la paroisse. C'est là qu'il faisait enseigner sous ses yeux, qu'il enseignait lui-même, corrigeait après l'instruction publique les défauts de la méthode, excitait l'émulation, et profitait des occasions que lui présentaient les choses en apparence les plus triviales, pour répandre des connaissances utiles sur l'histoire naturelle, sur celle des hommes réunis en société, sur la physique et sur d'autres sciences. Il savait intéresser la curiosité et fixer l'attention de ce grand nombre d'écoliers par la vivacité de ses récits, talent qu'il possède à un degré éminent, et qui ne l'a pas encore quitté à l'âge très-avancé auquel il est parvenu aujourd'hui.

Ses travaux, ses succès ne restèrent point inconnus à ses amis de Strasbourg ; on rendait justice à l'emploi sage et désintéressé qu'il ne cessait de faire des secours qu'une piété bienfaisante et éclairée s'empressait de lui faire parvenir. Les donations augmentèrent, des fondations même furent faites à perpétuité ; mais la révolution les a dévorées. Il fut mis en état d'ajouter tous les jours au perfectionnement de ses établissemens ; des prix furent distribués aux maîtres et aux écoliers, d'après une échelle extraordinairement judicieuse ; des livres d'école, tels que le *Coup d'œil sur la Nature* et l'*Ami des Enfans*, par *Rockow*, furent imprimés pour le Ban de la Roche, et distribués en nombre suffisant pour faire, de trois mois en trois mois, le tour annuel des cinq écoles. Une bibliothèque d'enfans fut destinée à leur lecture privée ; une collection de plantes indigènes, des livres d'histoire naturelle, une machine électrique et d'autres instrumens de physique facilitèrent l'instruction publique; tout s'organisa sous sa direction sage, prudente et infatigable, et concourut à former un ensemble parfait.

§. II. *Agriculture et industrie.*

Il entrait dans son vaste plan d'arracher le Ban de la Roche à sa misère par la création de ressources industrielles, et sur-tout de celle de la filature de coton, pour laquelle il avait su intéresser une maison de commerce respectable. Il fallait pour cela ouvrir la communication avec la grande route, qui pendant une grande partie de l'hiver était régulièrement interrompue. A la tête de ses paroissiens, il pratiqua un chemin d'une demi-lieue, fit sauter les rochers qui obstruaient les passages, bâtit un pont sur la Brusche, dans un ban étranger. Tournant de là ses regards vers l'industrie, et connaissant le cœur humain, il força, par les enfans même, les parens, alors généralement indolens et stupidement orgueilleux, à leur permettre de se livrer à la filature de coton. Il donna des prix aux fileuses, et fut le fondateur d'une industrie qui, d'une seule maison de commerce, valut en une bonne année au Banc de la Roche et à ses environs une recette de 32,000 francs pour gages de filature.

Plusieurs métiers des plus indispensables n'y étaient pas exercés alors. Il choisit, parmi les jeunes garçons de sa paroisse, ceux dont il devinait l'habileté, et leur fit apprendre les métiers de maçons, de menuisiers, de vitriers, de maréchaux, de charrons; il les habilla et paya leur apprentissage dans l'étranger.

Le laboureur n'était point pourvu, il ne connaissait pas même les instrumens aratoires les plus propres pour son usage; il en fit venir des assortimens, et les leur céda aux prix coûtans, souvent au-dessous.

La culture des herbes artificielles n'était point connue, il leur en donna l'exemple. Avec sa tarière, il creusa par-tout, cherchant les moyens d'améliorer le terrain aride et sablonneux de ces montagnes.

On négligeait l'économie du fumier : il leur montra les moyens de l'augmenter et d'en procurer la fermentation.

Pour améliorer la race des bestiaux, il décerna des prix en faveur de la commune qui entretiendrait le plus beau taureau.

Il planta des pépinières et instruisit lui-même dans l'art de greffer les arbres fruitiers.

Il fonda une Société d'agriculture, s'abonna pour elle aux journaux sur cette science, pour que ses membres pussent y puiser les connaissances si importantes pour leur état.

En cas d'incendie, il n'y avait pas de pompe à feu : il leur en procura une, avec une deuxième à la main.

Les malades abandonnés à eux-mêmes recouraient généralement à des remèdes universels, ordinairement nuisibles, mais consacrés par l'usage, et à des pratiques superstitieuses; il étendit ses propres connaissances en médecine, dont il s'était déjà fait une étude à l'Académie; apprit lui-même à ouvrir les veines en cas de besoin; établit une petite pharmacie; fit étudier à Strasbourg un jeune homme à talent, dont les succès répondirent à ses espérances, et envoya en cette ville quelques sages-femmes pour apprendre l'art de l'accouchement.

Des besoins pressans rendaient souvent, faute d'argent, la situation des habitans désespérée, si un outil, un harnois, un char venait à se casser. Il établit une caisse d'emprunt, envers laquelle les engagemens devaient être ponctuels et sacrés.

Ils étaient presque tous chargés de petites dettes exigibles d'un jour à l'autre; il les engagea à se cotiser en société, pour former, par une mise légère, mais régulière, une caisse d'amortissement, par laquelle toutes ces charges pourraient être liquidées successivement.

Il établit des régles fixes et équitables, mais sévères, pour la distribution des aumônes, dont la collecte, faite régulièrement au service divin, prouve chaque dimanche les dispositions charitables de tous les paroissiens, et se répartit d'après une échelle graduée sur les besoins, les ressources et la moralité des individus auxquels il est permis d'y recourir; aussi ne connaît-on pas dans tout le vallon la mendicité, si ce n'est celle des vagabonds des communes environnantes.

Au milieu de l'embarras de toutes ces institutions, qu'il dirigeait seul, et dont il soignait les détails lui-même, aucune de ses fonctions pastorales ne fut négligée. Sa charité, son activité étonnante, n'y connaissaient pas de bornes. Assister les malades, consoler les mourans, s'enfoncer, se perdre dans les neiges, pour aller jour et nuit les visiter à travers les rochers escarpés qui séparent ses filiales disséminées sur les hauteurs des montagnes; courir les nuits à bride abattue à Strasbourg, à dix lieues de distance, pour ne pas perdre une seule journée au détriment de son cher Ban de la Roche; y soigner les intérêts de sa paroisse, chercher des remèdes aux malades, dissiper les calomnies semées contre ses projets; fortifier ses amis dans leurs dispositions bienfaisantes; retourner ensuite pour se livrer à l'instruction sacrée, et mêler à ses saintes homélies du dimanche et de la semaine des épisodes variés sur tout ce qui intéresse l'homme doué de raison, n'excluant pas même de ses soins particuliers les colonistes parlant un idiome étranger, et leur vouant chaque semaine, en allemand, quelques heures d'édification; tenir à côté de ces travaux une pension, souvent de douze élèves, que lui seul il instruisait, pour en faire tourner la plus grande partie de ses émolumens à l'avancement de ses œuvres salutaires pour la paroisse; refuser des vocations qui présentaient les appas les plus séduisans pour le temporel; céder une seule fois à une voix qui l'appelait dans les déserts de l'Amérique, et n'être retenu que par la Providence qui veillait sur le Ban de la Roche; trouver au milieu de tout cela des momens pour la lecture, et des quarts d'heure, souvent des heures entières pour se prosterner à genoux devant celui près duquel seul se trouve la source pour y puiser de pareilles forces.... voilà sa vie! elle sera récompensée, elle l'est dès maintenant par l'attachement, par le respect sans bornes de ses paroissiens; elle l'a déjà été, il n'y a que peu d'années, par l'influence que lui assurèrent ses vertus, ses mérites, sur son illustre ami, M. *de Lezay-Marnésia*, qui, par égard pour lui, interposa son autorité et son influence personnelle, afin de terminer à l'amiable un procès entre le Ban de la Roche et le propriétaire des forêts et usines de ces lieux; procès qui, entraînant depuis quatre-vingts ans les deux parties à des frais énormes, avait entretenu les esprits dans une agitation continuelle. Les tracasseries, les délations, les haines ont cessé, et le vieillard, gratifié par le magistrat suprême, qui lui envoya de Strasbourg la plume avec laquelle il avait apposé son nom à l'acte solennel, compte le jour où le compromis fut signé, pour un des plus beaux jours de sa vie.

C'est dans cet état que j'ai trouvé, il y a trois ou quatre ans, le Ban de la Roche. Toutes les familles que je visitais dans leurs chaumières, s'accordaient à bénir leur pasteur, qu'elles désignent par le nom de *notre Papa Oberlin;* mais je les trouvais alarmées de la stagnation progressive de la filature de coton à la main, leur principale ressource, remplacée dans tous les environs par la filature aux mécaniques. Le défaut de travail les menaçait de leur ancienne misère, dont l'activité bienfaisante de leur père commun les avait tirées. J'avais les moyens entre les mains pour calmer en partie leurs inquiétudes. Mes fils avaient établi, depuis huit ans, dans le département du Haut-Rhin, une manufacture de rubans de soie. L'expérience leur prouvait de plus en plus que la fertilité du sol, qui paye largement au cultivateur ses travaux agricoles, mettrait toujours un obstacle insurmontable à leur désir de donner plus d'étendue à leur établissement dans la contrée qu'ils avaient choisie. Je les décidai à transporter leur fabrique au Ban de la Roche. L'occupation, par les armées alliées, de leurs ateliers tenus à titre de bail, en hâta l'évacuation. Ils sont établis ici depuis deux ans; je leur avais préparé des ouvriers pendant les deux premières années, par des maîtres ouvriers suisses, que j'avais emmenés avec moi. La manufacture prend de la consistance; déjà plus de deux cents individus, adultes et enfans, y trouvent leur subsistance. Mes loisirs sont voués au soulagement de mon respectable ami, dans les réunions hebdomadaires des cinq écoles en une école générale. Je rassemble autour de moi, toutes les semaines deux fois, une dizaine de garçons choisis d'après leurs talens dans les cinq communes, pour être préparés à remplir un jour des places de maîtres d'école.

J'ai l'honneur, etc.

Signé J. L. Legrand.

Fouday, ce 26 février 1816.

N°. II.

Lettre du même M. Legrand, *à M.* Treuttel, *sur les services rendus plus particulièrement à l'agriculture par M.* Oberlin. *Du* 9 *mars* 1818.

Vous me demandez des matériaux suffisans pour faire concourir, à son insu, notre respectable pasteur du Ban de la Roche, M. *Jean-Frédéric Oberlin,* aux prix qui sont décernés par la Société royale et centrale d'agriculture, à ceux de leurs concitoyens qui ont le mieux mérité de la patrie par leurs efforts et leur zèle à propager et à perfectionner la pratique d'une science d'une si haute importance, sur-tout pour la France.

La lettre que j'avais écrite, il y a deux ans, à M. le baron *de Gérando,* alors président de la Société d'instruction élémentaire, contient beaucoup de faits, suffisans peut-être pour assurer à M. *Oberlin* la médaille, que, par dévouement pour ce vieillard respectable dont vous connaissez personnellement la piété et les vertus éminentes, vous désireriez ardemment lui voir présentée par une Société capable d'en apprécier les mérites. Mais, comme vous insistez sur des détails qui se rapportent sur-tout à l'agriculture, j'ai employé le peu de jours d'un courrier à l'autre, pour rassembler auprès de moi les vieillards les plus respectables de la paroisse, que dans leur jeunesse M. *Oberlin* avait associés à ses travaux, et recueillir, de leur bouche même, autant de matériaux qu'ils ont pu me fournir à la hâte. Quoique je ne puisse citer que des faits épars, vous y verrez cependant avec étonnement comment, par le zèle religieux et sage d'un seul homme, la culture d'une contrée des plus stériles, qui, au commencement du dix-huitième siècle, fournissait à peine la nourriture à deux cent cinquante âmes, a pu être perfectionnée au point que, jointe à différens genres d'industrie que M. *Oberlin* y a depuis créés, elle suffit aujourd'hui à l'entretien d'environ mille huit cents individus composant la population actuelle (de la seule paroisse de Waldbach, qui n'est que la moitié du Ban de la Roche).

Je partagerai ce que j'aurai à dire en quatre parties.

1°. Instruction spécialement relative à l'agriculture.

2°. Préparation des moyens propres à en faciliter et en étendre la pratique.

3°. Pratique même de l'agriculture.

4°. Introduction de différens genres d'industrie propres à remplir les journées des saisons que la cessation des travaux rustiques laisse libres aux cultivateurs.

Première Partie. — *Instruction spécialement relative à l'agriculture.*

Vous avez vu par ma lettre à M. le baron *de Gérando*,

la confiance en Dieu, le désintéressement et l'activité infatigables avec lesquelles M. *Oberlin* a commencé par organiser l'instruction élémentaire. Construire des maisons d'école spacieuses, pendant que le presbytère qu'il occupait lui-même n'était qu'une souricière délabrée; former des maîtres d'école; faire composer des livres élémentaires sur ses plans et par ses amis qu'il avait su électriser, pour coopérer au bonheur de son cher Ban de la Roche : voilà les arrangemens qui signalèrent les premières années de ses fonctions pastorales, dans lesquelles il avait succédé à un pasteur animé du même zèle, et qui avait posé les fondemens d'une meilleure instruction publique.

Tous ces préparatifs tendaient à procurer aux enfans de sa paroisse une éducation qui leur donnât de l'aptitude pour le genre de vie pastorale et agricole, auquel leur état les appelait, et qui fut basée sur une vraie piété religieuse. A cet effet, il fit commencer la première instruction par les conductrices dont j'ai déjà parlé. Pendant que, sous leur direction, les enfans tricotent, cousent et épluchent du coton cru, elles leur présentent les herbes indigènes les plus utiles, soit pour la nourriture de l'homme, soit pour celle des animaux, et leur en font répéter les noms en patois et en français pur. Elles leur enseignent ensuite à reconnaître les plantes nuisibles ou venimeuses, pour les éviter ou pour les extirper peu-à-peu; se promenant avec eux au printemps et en été, elles leur font trouver le long des haies ou dans les bois voisins, les herbes qu'on leur a décrites. Cette connaissance, généralement répandue par une instruction première, a préservé de grandes maladies les habitans du

Ban de la Roche dans l'année passée, si désastreuse par le manque des récoltes céréales et par le peu d'abondance de pommes de terre.

Pour faire trouver du plaisir aux enfans, dès leur enfance même, à s'exercer à de petits travaux rustiques, les conductrices leur inspirent le goût des fleurs. En leur enseignant à les dessiner, elles provoquent le désir d'en cultiver eux-mêmes dans leurs jardins, où leurs parens leur accordent volontiers quelque petit parterre pour y exercer leur industrie enfantine.

Passant des conductrices aux écoles publiques; les écoliers de la haute classe, de l'âge de douze à quinze ans, y écrivent, sous la dictée de l'instituteur, des cahiers sur l'agriculture et sur la plantation des arbres, que M. *Oberlin* a tirés des meilleurs auteurs; ils les apprennent par cœur, et à l'examen général de chaque année, ils répondent par écrit aux questions qui leur sont proposées.

Avant de recevoir la confirmation chrétienne, c'est une des lois qu'il leur a imposées, de lui apporter un certificat de leurs parens, qu'ils ont planté deux jeunes arbres dans un endroit désigné. Le jour où ils peuvent apporter les premiers fruits à leur cher pasteur, est pour eux un jour de fête.

Mais cette instruction donnée dans les écoles, ne suffisait pas à son zèle et à ses vues. Il y a plus de quarante ans qu'il fonda une Société d'agriculture, composée des hommes les plus instruits de sa paroisse; en engageant les pasteurs du voisinage et quelques-uns de ses amis de Strasbourg à s'abonner comme membres, et en affiliant la Société à celle de Strasbourg, il réussit à en obtenir des secours pour la distribution de prix et pour la communication des journaux. La petite bibliothèque qu'il a rassemblée à l'usage de ses paroissiens, contient plusieurs ouvrages instructifs sur cette science, qui circulent régulièrement parmi eux, et qui leur fontsentir le prix inestimable de la lecture. C'est ainsi qu'il voulut que les connaissances utiles s'étendissent sur toute sa paroisse. Aussi il ne croit pas profaner le culte en mêlant à ses homélies religieuses du dimanche des instructions sur l'agriculture, et en publiant du haut de la chaire les bons avis qui lui parviennent sur les progrès de cette science salutaire.

Deux heures du jeudi matin, de quinze jours en quinze jours, qu'il voue aux hommes et aux garçons adultes, sont consacrées particulièrement à leur communiquer tout ce qui peut les intéresser autant comme cultivateurs que comme chrétiens.

Je passe au deuxième point.

Deuxième Partie. — *Préparation des moyens propres à faciliter et à étendre la pratique de l'agriculture.*

La première chose qui l'occupa dans cette partie de son activité prévoyante, ce fut la réparation et l'élargissement des chemins vicinaux. Dans un pays où des rochers disséminés sur la pente roide d'une chaîne de montagnes, et des torrens descendans de leurs cimes d'un cours rapide, causent journellement des écroulemens de terrains considérables, la confection des routes et leur entretien exigent un travail des plus fatigans et des dépenses au-dessus, à ce qu'il semble, des moyens d'une pauvre contrée. Mettant la main à l'œuvre lui-même, prenant pour sa part et pour celle d'un valet fidèle les endroits les plus difficiles, se souciant peu d'avoir les mains déchirées par les broussailles ou écrasées par les pierres; il excita un enthousiasme général, au point que tout ce qu'il y avait de paroissiens se mit à suivre son exemple : on vit des murailles s'élever pour soutenir les terrains prêts à s'écrouler, des eaux arrêtées ou détournées, la communication tenue ouverte entre les cinq villages de sa paroisse, qui, auparavant, dans les grandes neiges, se trouvaient entièrement isolés les uns des autres. Mais il restait un ouvrage plus considérable encore à faire; c'était d'ouvrir une communication avec la grande route de Strasbourg, par laquelle il méditait déjà de trouver un débouché aux produits du Ban de la Roche, et d'attirer des matières premières pour exercer l'industrie des habitans. Pour ouvrir cette communication, il fallait faire sauter des rochers, en descendre d'une grosseur énorme, souvent de dix pieds de longueur, et la moitié autant de largeur et de hauteur, afin de construire une muraille qui soutînt la route dirigée le long des bords de la Brusche; il fallait construire un pont dans un ban étranger, en fournir les frais : rien ne fut impossible à l'enthousiasme général. On voyait le pasteur lui-même, la pioche sur l'épaule, marcher à la tête de deux cents de ses paroissiens, et se livrer à un travail rude et souvent infiniment dangereux. Il fallait des instrumens, il y pourvut; les frais étaient considérables, il forma des souscriptions et sut y intéresser ses paroissiens et ses amis hors du Banc de la Roche même. En deux ans de temps, la communication fut ouverte; et avec le temps, il vit réaliser son double projet, celui de l'introduction d'une occupation industrielle et celui de l'exportation des pommes de terre, auxquelles la qualité supérieure, provenant de la chaleur d'un terrain sablonneux, assure une vente avantageuse au marché de Strasbourg.

Le deuxième objet qui l'occupait, c'était les instrumens aratoires : il voyait avec peine la détresse de ses pauvres paroissiens, toutes les fois qu'un de leurs outils venait à casser. Il fallait avoir de l'argent en main pour en acheter, et perdre une journée pour les chercher au loin. Afin de les tirer de ce cruel embarras, il s'en procura un magasin, où on pouvait en acheter au prix coûtant et à crédit, jusqu'à ce que l'argent rentrât, soit aux bûcherons qui ne tiroient leur paiement qu'à la fin de l'exploitation de la coupe, soit aux cultivateurs en vendant leurs bestiaux, leurs pommes de terre et leur lin : car c'est à ces trois ressources que les habitans étaient réduits.

Il manquait encore une troisième ressource essentielle pour faciliter les travaux de l'agriculture ; c'était les métiers, qui prêtent secours au premier des arts. Il n'y avait ni charron, ni maréchaux, ni maçons dans le pays ; il choisit parmi les jeunes gens ceux dont il devinait les talens, les habilla, les mit en apprentissage hors de la vallée, et réussit, en quelques années, à faire dresser des ouvriers qui épargnent aux habitans la dépense et la perte de temps qu'entraînait autrefois l'éloignement des ateliers de réparation pour leurs voitures, harnois et instrumens, outre l'avantage considérable que l'argent, au lieu de s'écouler de la vallée, y circule au profit de tous.

Enfin, sa sollicitude pour les arrangemens préparatoires se porta encore sur la construction de leurs maisons, ordinairement enfoncées dans les pentes des montagnes, et par-là malsaines, manquant de caves assez profondes pour garantir leurs pommes de terre contre la gelée. Aujourd'hui, leurs chaumières offrent un extérieur propre, qui n'est point démenti par l'intérieur, où leurs buffets sont garnis d'une vaisselle simple, mais bien entretenue, et leurs caves mises à l'abri du froid.

Troisième Partie. — *Pratique de l'agriculture.*

Je me vois arrivé à la troisième partie de ma relation; c'est celle qui regarde la pratique même de l'agriculture: ses soins se sont portés principalement sur la plantation des arbres fruitiers, sur l'amélioration de la race des bestiaux, sur le traitement et l'augmentation du fumier, sur les prés, tant naturels qu'artificiels, sur la culture des pommes de terre et sur le lin, qui sont les deux produits qui réussissent le mieux dans le terrain sablonneux du Banc de la Roche.

Plantation d'arbres fruitiers.

Lorsque M. *Oberlin* arriva, en l'année 1767, à la paroisse de Waldbach, il n'y trouva d'autres fruits que des pommes sauvages. J'ai déjà indiqué plus haut de quel moyen il se servit pour persuader à la jeunesse de se livrer avec plaisir à la plantation des arbres fruitiers; mais il lui importait d'y engager aussi les gens adultes. Connaissant la répugnance des campagnards à se laisser endoctriner par des gens de la ville, sur des choses qu'ils croyent devoir mieux connaître qu'eux, il sut tirer parti de leur curiosité. Deux champs appartiennent à sa cure, que des sentiers très-fréquentés traversent. C'est là qu'il se mit à manœuvrer avec son valet, à creuser des fosses de 4 à 5 pieds de profondeur, à y descendre de jeunes arbres et à mêler et presser légèrement autour les terres qu'il connaissait les plus propres à en avancer l'accroissement. Il s'étoit procuré des tiges de toutes sortes d'arbres à fruits, tels que pommiers, poiriers, cerisiers, pruniers et noyers; il en fit une grande pépinière, qu'il arrangea dans son jardin; il attendit avec patience l'époque où ses paroissiens, voyant le succès des arbres journellement exposés à leurs yeux, viendraient lui en demander d'eux-mêmes. Son attente ne fut pas trompée, le goût de la plantation des arbres se répandit, et l'art de greffer, qu'il avait enseigné lui-même à plusieurs de ses paroissiens, fut généralement pratiqué; mais un malheureux hiver, à la fin du siècle passé, ayant fait périr le plus grand nombre, a découragé pour long-temps les habitans de se livrer à ce genre de culture. Cependant leurs jardins en conservent encore des restes, et le zèle de M. *Oberlin* ne se ralentit pas.

Amélioration des bestiaux.

Pour cet objet, il engagea la Société d'agriculture qu'il avait fondée, à former, par souscription volontaire, un fonds qui servirait à décerner un prix au cultivateur de chaque commune qui entretiendrait le plus beau taureau.

C'est sur-tout en les engageant à faire le partage des pâturages communaux de moindre rapport, pour les convertir en terres labourables, et à fourrager leurs bêtes à l'étable, qu'il a influé sur le produit de vaches en lait et en beurre, qui fait la principale nourriture des habitans et un objet de leur commerce.

Cette conversion de mauvais pâturages en terres labourables, et plus tard en prés, présentait cependant des difficultés presque insurmontables. Dans un pays où les rochers sont entassés sur les rochers, il faut se résoudre à les faire sauter là où ils tiennent au sol, où à les enlever avec de grands efforts là où ils ne touchent qu'à la surface; d'autres, il faut les couvrir avec de la bonne terre, et faire ramasser les pierres par les enfans avant qu'on puisse penser à y passer la charrue. Mais rien ne pouvait résister à des exhortations appuyées de l'exemple de M. *Oberlin*. Les terres labourables et les prés ont augmenté au moins d'un tiers de ce qu'ils étaient avant lui.

Augmentation du fumier.

Le traitement du fumier et les moyens de mettre à profit toute sorte de matières qui, par leur fermentation, puissent être converties en engrais, a été le troisième objet principal sur lequel il a tourné l'attention de ses paroissiens. Il a fait creuser, dans la cour de sa maison, des fossés, et y a pratiqué des coffres ou des espèces de citernes, pour contenir les écoulemens de l'évier, et du tas de fumier établi dans un enfoncement sous les gouttières; il a pu tirer de fréquens arrosemens de ces réservoirs; il a montré que tous les végétaux, mêlés avec le fumier provenant des bestiaux, pouvaient être convertis en engrais propres à fertiliser, tels que feuilles d'arbres, tiges de joncs, mousses, piquans de sapin, etc. Il en est de même des rebuts du règne animal, vieux haillons de laine déchirés en petites pièces, vieux restes de souliers hachés, pour lesquels il payait aux enfans 1 sou par petite mesure, et 16 sous par boisseau. Connaissant les vertus productives de la marne, il fit l'acquisition d'une tarière allant à une grande profondeur, pour en découvrir; mais ses essais, continués plusieurs années, et portés sur tous les points, et particulièrement sur les marais desséchés, n'ont pas eu le succès si désiré: on n'en a pas trouvé jusqu'à ce jour; mais en revanche on est parvenu, par ce moyen, à découvrir la tourbe, qui supplée déjà, par-ci par-là, au bois qui, par la consommation des usines du voisinage, commence malheureusement à manquer.

Prés naturels et artificiels.

La mauvaise qualité des pâturages, et le manque de prés suffisans pour l'entretien de bêtes, proportionnés à la population qui doit en tirer sa subsistance, semblaient provoquer le changement périodique des champs en prés, dont il devait résulter les effets qu'on attendait d'une année de jachère, pendant laquelle la terre reste sans rapport pour le cultivateur. M. *Oberlin* en donna l'exemple avec succès. Cette méthode, ajoutée à celle du mélange d'une terre sablonneuse avec de la terre argileuse, a considérablement augmenté le produit pour tous les propriétaires qui ont commencé par se moquer et ont sagement fini par suivre les conseils et l'exemple de leur pasteur.

L'abondance des eaux de source, et des rigoles destinées à les conduire sur les prés, fournissent à leur ouverture annuelle abondance de terre fangeuse et de gazon; il ne cesse d'insister sur leur emploi pour égaliser les enfoncemens, et empêcher par-là les herbes de croupir; c'était là le grand dommage qu'entraînait l'usage du droit de vaine pâture, abus désastreux, auquel il a déterminé ses paroissiens à renoncer. Cette renonciation a été reconnue si utile par l'expérience, que les habitans en ont demandé eux-mêmes et obtenu la confirmation de l'autorité supérieure.

Les herbes artificielles étant entièrement inconnues à son arrivée au Ban de la Roche, il a commencé à en faire les premiers essais. Le sainfoin, pivotant trop profondément, le sol du Ban de la Roche qui ne couvre qu'à une profondeur de deux pieds au plus des rochers ou du tuf, s'y est refusé ; mais le trèfle de Hollande y a parfaitement réussi. C'est à cette culture que M. *Oberlin* ne cesse d'exhorter ses paroissiens.

Culture des pommes de terre.

Je passe à la culture des pommes de terre, qui font aujourd'hui la nourriture principale, souvent unique des habitans, et en même temps un objet d'exportation avantageux. Avant l'arrivée de M. *Oberlin* au Ban de la Roche, on n'en cultivait qu'une seule sorte, qui suffisait à peine à les nourrir pendant l'hiver ; les herbes sauvages y suppléaient en été. Les habitans, attachés à leur routine, se souciaient peu d'en varier les espèces; mais le terrain avait fini par s'épuiser, ou la plante par s'abâtardir; et un champ qui autrefois avait rapporté 120 à 150 boisseaux, n'en produisait plus que 30 à 40. Cette diminution leur ouvrit les yeux ; M. *Oberlin* leur indiqua le moyen d'en remonter le produit, en les engageant à tirer de nouvelles semences de la Suisse, de la Hollande, de la Lorraine. Le succès fut complet ; l'abondance revint, et aujourd'hui celles de la Suisse, rouges, d'une forme ronde, sont préférées pour le goût; les grises de la Lorraine, pour la quantité de leur produit, et les rouges longues réunissent à-peu-près les avantages des deux. Le terrain sablonneux de ces montagnes étant extrêmement favorable à leur végétation, le goût savoureux et la qualité distinctive de se conserver avec facilité d'une récolte à l'autre, leur accordent une supériorité décidée sur celles de la plaine.

L'épargne de la semence, en coupant les pommes de terre en autant de pièces que le nombre des yeux le permet, est en usage depuis long-temps dans notre vallée; et rien ne s'y est fait, que M. *Oberlin* n'en eût été le premier moteur.

On y a aussi appris par lui, sur-tout à l'avantage des pauvres, à ménager le fumier, en n'en mettant qu'au fond du trou destiné à recevoir la semence, et en l'en séparant par un peu de terre dont on le recouvre.

Ne perdant jamais de vue les embarras de l'indigence, M. *Oberlin* a su encore la prévenir en fondant, par le secours de ses amis, une caisse d'emprunt, à laquelle le pauvre habitant peut recourir pour se procurer l'argent nécessaire à acheter la semence; et le terme de l'acquittement de la dette est toujours remis à une époque où il lui est le moins onéreux d'y satisfaire: mais aussi doit-il être ponctuellement observé, sous peine de n'y plus oser recourir pour une ou deux années.

Culture du lin.

M. *Oberlin* ayant attiré l'attention des habitans sur tous les objets qui peuvent servir d'engrais, ils font succéder ordinairement la culture du lin à celle des pommes de terre, laissant pourrir, pendant l'hiver, les feuilles des tiges, sur le champ qu'on se propose d'ensemencer en lin; on secoue fortement au printemps les racines et les tiges sèches, et la fine terre qui en tombe, mêlée avec les cendres produites par la brûlure des tiges, donne un engrais singulièrement favorable à la culture du lin. M. *Oberlin*, désirant de donner à cette plante la plus grande perfection, fit venir de Riga, en Livonie, des semences qui réussirent et poussèrent des tiges de quatre à cinq pieds de hauteur.

Quatrième Partie. — *Industrie et arts accessoires.*

Je finis par indiquer seulement les divers genres d'industrie par lesquels M. *Oberlin* a arraché ses paroissiens à l'indigence sous laquelle ils avaient gémi, et qui ne pouvait qu'influer défavorablement sur le caractère d'hommes abandonnés à l'oisiveté.

J'ai déjà cité plus haut les métiers qu'a ses dépens et par le secours de ses amis, il avait fait apprendre aux jeunes gens de sa paroisse; il faut y ajouter ceux de menuisier et de vitrier; mais vous trouverez encore dans ma lettre à M. le baron *de Gérando* les obstacles qu'il a eu à surmonter, et les moyens qu'il a employés pour y introduire la filature de coton et le tissage : je m'y réfère donc, et j'ajoute seulement que si j'ai choisi moi-même, avec mes fils, le Ban de la Roche pour y transporter notre établissement de passementerie en rubans de soie, c'est la renommée de M. *Oberlin* et l'influence qu'il a exercée sur le caractère probe et religieux de ses paroissiens qui nous y a attirés. L'agrément avec lequel on existe au milieu d'une petite peuplade, dont les mœurs sont adoucies par l'instruction qu'ils reçoivent dès leur tendre enfance, dédommage des privations que nous impose la situation d'une vallée séparée quasi du reste du monde par les hautes montagnes dont elle est entourée.

Voilà, Monsieur, les détails que j'ai pu recueillir à la

hâte, ou qui se sont présentés à moi par les conversations journalières dans lesquelles j'aime à me mêler avec mes voisins. Je n'ai pas besoin de vous dire qu'étant originairement Allemand, et la science de l'agriculture m'étant étrangère, ma manière de présenter les faits et mon style ont besoin de votre indulgence; mais vous me l'accorderez aisément, en n'envisageant que la pureté de mon intention de satisfaire à vos désirs, en faisant connaître à vos amis les vertus et les œuvres bienfaisantes d'un vieillard, auquel nous portons tous les deux la plus profonde vénération.

J'ai l'honneur d'être, etc.

Signé J. L. LEGRAND père.

N. B. La lecture de ce rapport et des pièces justificatives dont il est appuyé, ne saurait manquer d'inspirer à quelques voyageurs le désir d'aller sur les lieux, s'assurer par eux-mêmes des merveilles qui ont changé la face du Ban de la Roche. On croit devoir les prévenir que le moyen le plus facile de se rendre à Waldbach, est de prendre la route de Strasbourg à Entzheim, Dorlisheim, Uhrmatt, Schirmeck et Rothau.

D'ailleurs, par quelque côté que l'on entre dans les Vosges, on ne résiste guère à l'envie de les parcourir. Elles offrent tant de curiosités naturelles, qu'il est peu de points du Royaume plus dignes d'être visités dans la belle saison.

FIN.

www.ingramcontent.com/pod-product-compliance
Ingram Content Group UK Ltd.
Pitfield, Milton Keynes, MK11 3LW, UK
UKHW021034180726
13838UKWH00004B/1797